Pravin Ram
Ram Nandaniya
Ranjit Pada

Síntese de polímeros de baixo peso molecular

Pravin Ram
Ram Nandaniya
Ranjit Pada

Síntese de polímeros de baixo peso molecular

ScienciaScripts

Imprint

Any brand names and product names mentioned in this book are subject to trademark, brand or patent protection and are trademarks or registered trademarks of their respective holders. The use of brand names, product names, common names, trade names, product descriptions etc. even without a particular marking in this work is in no way to be construed to mean that such names may be regarded as unrestricted in respect of trademark and brand protection legislation and could thus be used by anyone.

Cover image: www.ingimage.com

This book is a translation from the original published under ISBN 978-620-2-05498-0.

Publisher:
Sciencia Scripts
is a trademark of
Dodo Books Indian Ocean Ltd. and OmniScriptum S.R.L publishing group

120 High Road, East Finchley, London, N2 9ED, United Kingdom
Str. Armeneasca 28/1, office 1, Chisinau MD-2012, Republic of Moldova, Europe
Printed at: see last page
ISBN: 978-620-7-74887-7

AGRADECIMENTOS

Tenho o prazer de apresentar o livro intitulado **"Síntese de Polímeros de Baixo Peso Molecular"** para satisfazer as necessidades dos estudantes de investigação de todas as Universidades.

Expresso os meus sinceros agradecimentos à Scholars' Press.

Estou também muito grato ao editor da Scholars' Press.

Aguardo com expetativa os comentários e sugestões de professores e alunos para modificações e melhorias em edições posteriores.

ÍNDICE DE CONTEÚDOS:

CAPÍTULO 1

1.1 INTRODUÇÃO

Antes do início da década de 1920, os químicos duvidavam da existência de moléculas com pesos moleculares superiores a alguns milhares. Esta visão limitadora foi desafiada por Hermann Staudinger, um químico alemão com experiência no estudo de compostos naturais como a borracha e a celulose. Em contraste com a racionalização predominante dessas substâncias como agregados de pequenas moléculas, Staudinger propôs que elas eram formadas por **macromoléculas** compostas de 10.000 ou mais átomos. Formulou uma estrutura **polimérica** para a borracha, baseada numa unidade repetitiva de isopreno (designada por monómero). Pelas suas contribuições para a química, Staudinger recebeu o Prémio Nobel de 1953. Os termos **polímero** e **monómero derivam** das raízes gregas poly (muitos), mono (um) e meros (parte/secção).1Polímero significa uma molécula enorme (10 -10^{37} U)contendo massas moleculares mais elevadas e muitas moléculas simples combinadas.Em geral, o polímero é representado pelo nome de macromoléculas.A unidade simples ou molécula que se repete muitas vezes no polímero é conhecida como monómero.Estas unidades simples ou moléculas activas juntam-se umas às outras em grande quantidade através de ligações covalentes e formam uma molécula enorme (polímero). Este processo chama-se **polimerização.** A unidade que se repete várias vezes numa molécula enorme chama-se unidade de repetição. Este número de **unidades de** repetição **"n" na molécula de polímero chama-se "grau de polimerização".**

O polímero faz parte da nossa vida quotidiana, pois as necessidades diárias ficam incompletas sem a sua utilização. O polímero é uma necessidade obrigatória para o conforto físico e para tornar a nossa vida mais fácil. Qualquer material de plástico, como brinquedos para crianças, sacos de compras de polietileno para compra ou roupas sintéticas, pneus de veículos ou peças sobressalentes de máquinas, fios isolados de cabos eléctricos ou dispositivos à prova de choque elétrico, interiores de veículos ou casas, campo médico ou farmácia em cada um destes polímeros estabeleceu o seu domínio. Existe a possibilidade de o polímero vir a substituir o metal no futuro. Nas indústrias, o polímero é utilizado no fabrico de plástico, fibra de elastómero, tinta e verniz. O reconhecimento de que as macromoléculas poliméricas constituem muitos materiais naturais importantes foi seguido pela criação de análogos sintéticos com uma variedade de propriedades. De facto, as aplicações destes materiais como fibras, películas flexíveis, adesivos, tintas resistentes e sólidos resistentes mas leves transformaram a sociedade moderna. Nas secções seguintes são apresentados alguns exemplos importantes destas substâncias.

1.2 FÓRMULAS DE ESCRITA PARA MACROMOLÉCULAS POLIMÉRICAS

A unidade estrutural repetitiva da maioria dos polímeros simples não só reflecte o(s) monómero(s) a partir do(s) qual(is) os polímeros são construídos, como também fornece um meio conciso de desenhar estruturas para representar estas macromoléculas. Para o polietileno, sem dúvida o polímero mais simples, isto é demonstrado pela seguinte equação. Aqui, o etileno (eteno) é o monómero e o polímero linear correspondente é designado por polietileno de alta densidade (PEAD). O PEAD é composto por macromoléculas em que n varia entre 10.000 e 100.000 (peso molecular $2*10^5$ a $3*10^6$).[1]

Se Y e Z representam moles de monómero e polímero, respetivamente, Z é aproximadamente 10^{-5} Y. Este polímero é designado por polietileno em vez de polimetileno, (-CH2-)n, porque o etileno é um composto estável (o metileno não é) e também serve como precursor sintético do polímero. As duas ligações abertas que permanecem nas extremidades da longa cadeia de carbonos (cor magenta) não são normalmente especificadas, porque os átomos ou grupos aí encontrados dependem do processo químico utilizado para a polimerização. Os métodos sintéticos utilizados para preparar este e outros polímeros serão descritos mais adiante neste capítulo. Ao contrário dos compostos puros mais simples, a maioria dos polímeros não é composta por moléculas idênticas. As moléculas de PEAD, por exemplo, são todas longas cadeias de carbono, mas os comprimentos podem variar em milhares de unidades monoméricas. Por este motivo, os pesos moleculares dos polímeros são geralmente apresentados como médias. Dois valores determinados experimentalmente são comuns: **Mn**, o peso molecular médio numérico, é calculado a partir da distribuição da fração molar de diferentes tamanhos.[2]

moléculas numa amostra, e **Mw**, o peso molecular médio ponderal, é calculado a partir da distribuição da fração ponderal de moléculas de diferentes tamanhos. Estes são definidos abaixo. Uma vez que as moléculas maiores de uma amostra pesam mais do que as moléculas mais pequenas, a média ponderal M_w está necessariamente inclinada para valores mais elevados e é sempre superior a Mn. À medida que a dispersão do peso das moléculas numa amostra diminui, M_w aproxima-se de M_n e, no caso improvável de todas as moléculas do polímero terem pesos idênticos (uma amostra monodispersa pura), o rácio M_w / M_n torna-se unitário.

1.3 DIFERENTES TIPOS DE COPOLÍMEROS

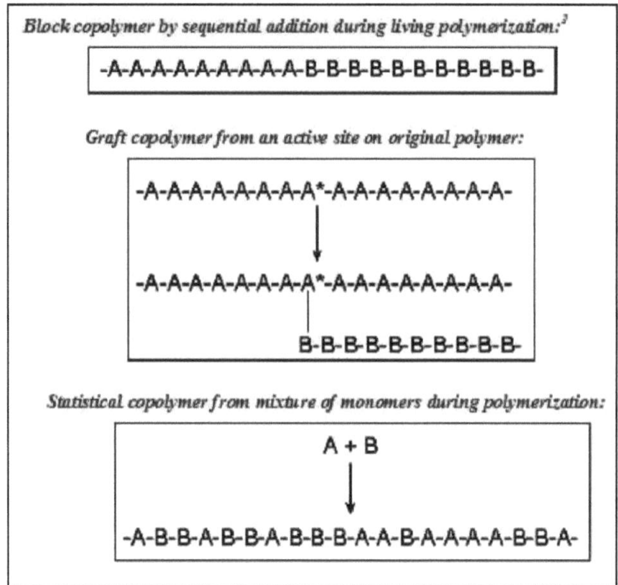

Figura: 1.1 diferentes tipos de copolímeros

1.4 PONTO ESSENCIAL

A composição de um copolímero não corresponde necessariamente à composição dos comonómeros utilizados na reação.[3]

1.5 MODELO DE PONTA DE CORRENTE [4-6]

Como é que uma unidade repetida de monómero na extremidade da cadeia em crescimento tende a reagir?

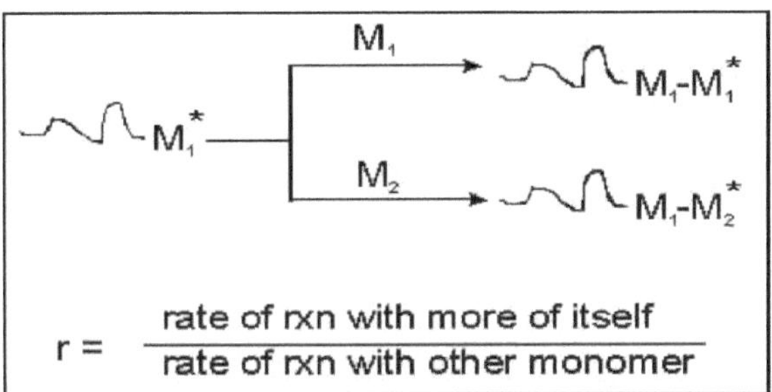

Figura 1.2 Taxa de reação

1.6 CLASSIFICAÇÃO DA POLIMERIZAÇÃO[3]

A classificação dos polímeros é possível em algumas bases aceitáveis que são apresentadas a seguir.

1.6.1 Classificação com base no discurso:

Os polímeros são classificados em três tipos com base na sua disponibilidade (curso):

1.6.1.1 Polímeros naturais:

Os polímeros presentes na natureza são obtidos a partir de plantas ou animais, por exemplo, proteínas, celulose, amido, ácidos nucleicos, resinas, borracha, etc., são exemplos de polímeros naturais.

1.6.1.2 Polímeros semi-sintéticos:

Os polímeros que são formados por reação química com os polímeros presentes na natureza são designados por polímeros semi-sintéticos, alterando as propriedades dos polímeros naturais de acordo com as suas necessidades, como o nitrato de celulose explosivo, formado por nitração da celulose, o diacetato de celulose (rayon), obtido por reação de acetilação da celulose com anidrido acético em meio ácido, e o ruuber vulcanizado, obtido por vulcanização da borracha natural, podem ser incluídos neste tipo de polímeros.

1.6.1.3 Polímeros sintéticos:

Neste tipo de polímeros, incluem-se os plásticos (polietileno, PVC, Teflon), as fibras sintéticas (terileno, nylon, poliéster ou orlon), a borracha sintética (Buna-S, Buna-N), etc. Nem todos os polímeros sintéticos estão ligados por ligações amida - por exemplo, *os poliésteres* contêm monómeros que estão ligados por ligações éster. Os poliésteres são vendidos sob nomes comerciais como Dacron, Kodel e Fortrel, que são utilizados em vestuário, e Mylar, que é utilizado em fita magnética, balões cheios de hélio e velas de alta tecnologia para veleiros. Embora as fibras sejam flexíveis, as películas de Mylar corretamente preparadas são quase tão fortes como o aço. A maior parte deles é formada por etileno (CH2=CH2), um bloco de construção de dois carbonos, e seus derivados. Os comprimentos relativos das cadeias e de quaisquer ramificações controlam as propriedades do polietileno. Por exemplo, um maior número de ramificações produz um polímero mais macio, mais flexível e com um ponto de fusão mais baixo, denominado polietileno de baixa densidade (LDPE), enquanto o polietileno de alta densidade (HDPE) contém poucas ramificações. Como a maioria das fibras sintéticas não são solúveis nem de baixo ponto de fusão, são necessários processos de várias etapas para as fabricar e transformar em objectos. As fibras de grafite são formadas pelo aquecimento de um polímero precursor a altas temperaturas para o decompor, um processo chamado pirólise. O precursor habitual da grafite é o poliacrilonitrilo, mais conhecido pela sua designação comercial - Orlon. Uma abordagem semelhante é utilizada para preparar fibras de carboneto de silício utilizando um precursor organossilício como o polidimetilsilano {[-(CH3)2Si-]n}. Um novo tipo de fibra constituída por nanotubos de carbono, cilindros ocos de carbono com apenas um átomo de espessura, é leve.

1.6.2 Classificação baseada no crescimento da reação de polimerização:

Existem principalmente dois tipos de reacções de polimerização

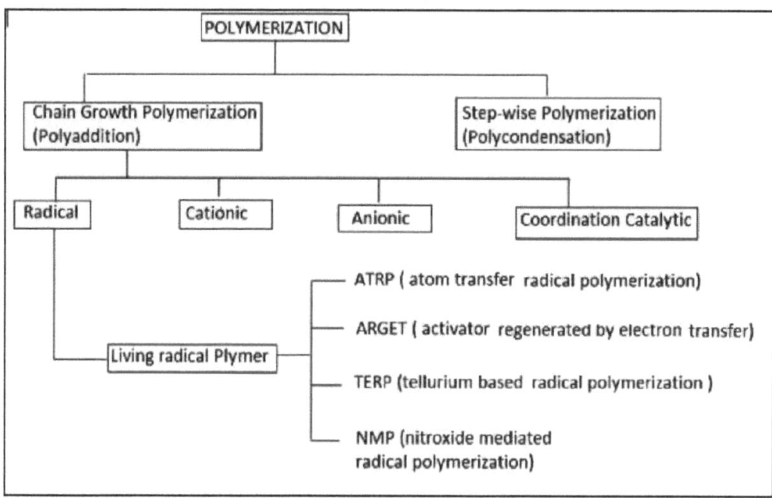

Figura 1.3 Classificação da polimerização

1.6.2.1 Polimerização por adição ou polimerização por crescimento de cadeia:

Neste tipo de reação de polimerização, o polímero é formado por reação de adição de monómeros insaturados contendo ligações duplas combinadas entre si por ligação química ou inúmeros monómeros contendo dois tipos diferentes de monómeros, combinados entre si formam um polímero.

1.6.2.1.1 Homopolimerização por adição:

O polietileno a partir do etano, o polipropileno a partir do propeno, o poliestireno a partir do estireno, a borracha butílica a partir do isobutilo, o cloreto de polivinilo a partir do cloreto de vinilo, o poliacrilonitrilo a partir do nitrilo de vinilo, o politetrafluoroetano a partir do tetrafluoroetano, etc., são exemplos de polímeros obtidos por reação de adição de homopolimerização.

Esta reação ocorre através de um radical livre ou de um intermediário reativo carbocátion ou carbânion que é produzido pelo monómero

1.6.2.1.2 POLIMERIZAÇÃO POR RADICAIS LIVRES - INICIAÇÃO [5-6]

1.6.2.1.2.1 INICIADORES TÉRMICOS:

-O tipo mais comum de iniciador de FR.

-Decomposição unimolecular.

-Cinética de primeira ordem.

-Exemplos mais comuns: peróxidos ou compostos azóicos.

Peróxidos (7):

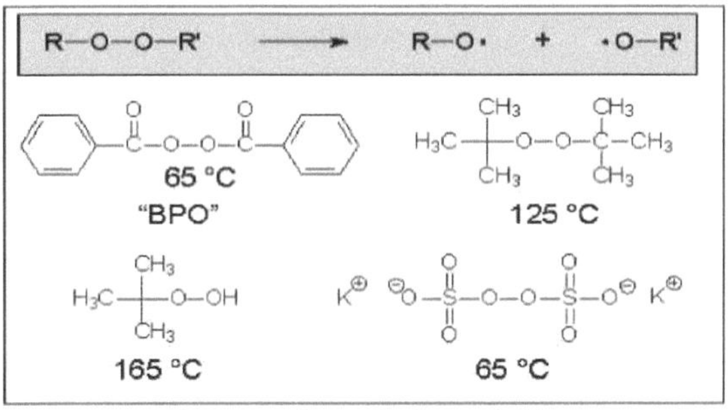

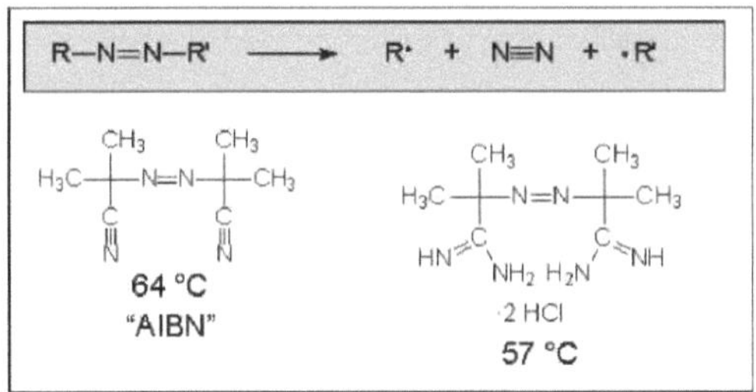

Esquema:1 reação de peróxido

Compostos azóicos: (As temperaturas são para meias-vidas de 10 horas).

Esquema:2 Reação de compostos azóicos

1.6.2.1.2.2 INICIADORESREDOX:

-Normalmente 2 componentes.

-Raramente utilizado.

-Exemplo: Reagente de Fenton

$$Fe^{+2} + H_2O_2 \longrightarrow Fe^{+3} + HO^- + HO^{\bullet}$$

Esquema:3 Iniciadores redox

1.6.2.1.2.3 AUTO-INICIATIVA:

-Só está provado que ocorre com o estireno.

-O mecanismo envolve a formação preliminar de dímeros (através da reação de Diels-Alder de dois monómeros, seguida da transferência de átomos de hidrogénio para um terceiro monómero).

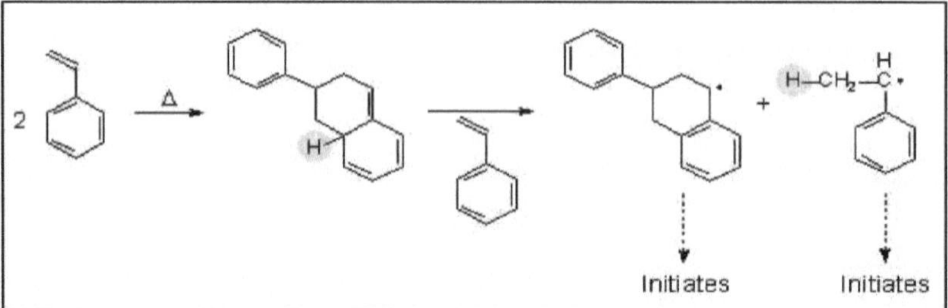

Esquema:4 Auto-iniciadores

1.6.2.1.2.3   FOTOQUÍMICA:

- Um ou dois componentes.
- Utilizado para películas finas.
- Exemplos:

$$Ph-\overset{O}{\underset{OH}{\overset{\|}{C}}}-CH-Ph \xrightarrow{h\nu} Ph-\overset{O}{\overset{\|}{C}}\bullet + \overset{\bullet CH-Ph}{\underset{OH}{}}$$

Esquema:5.1 Fotoquímica

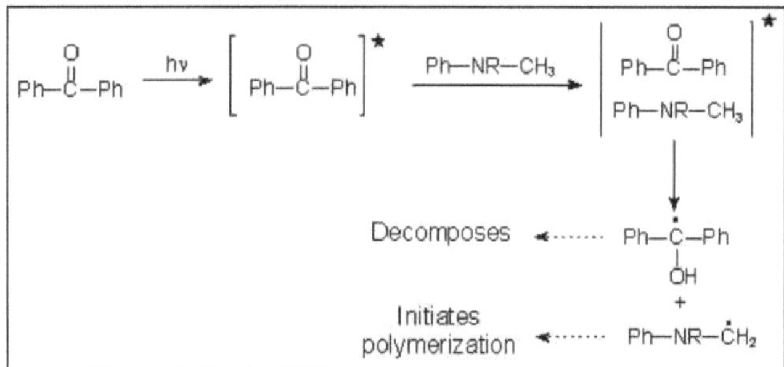

Esquema:5.2 fotoquímica

1.6.2.1.2.4   RADIAÇÃO IONIZANTE:

- Raios X, raios gama.
- A destruição aleatória leva à formação de radicais.
- Utilizado apenas em casos muito especiais.

8

Esquema:6 Reação de Radiação Ionizante

1.6.2.1.2.5 POLIMERIZAÇÃO POR RADICAIS LIVRES - EXEMPLO COMPLETO

1.6.2.1.2.5.1 Iniciação: Neste primeiro passo, forma-se um sítio reativo, "iniciando" assim a polimerização ' -(1920)

(Exemplo de acrilato de butilo)

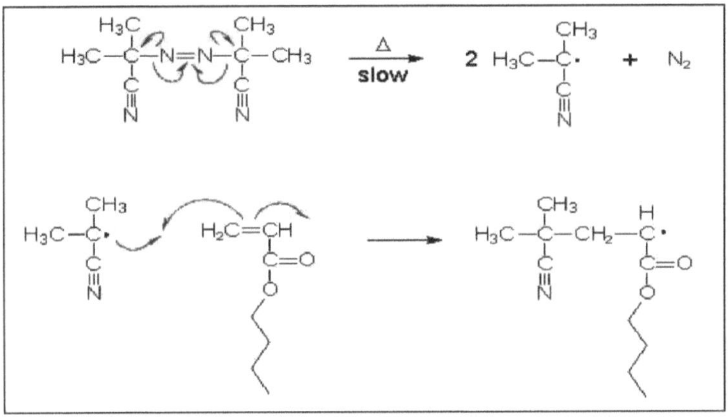

Esquema:? Reação de Polimerização Radical Livre

O iniciador decompõe-se suavemente para gerar uma concentração baixa e estável de radicais.

1.6.2.1.2.5.2 Propagação: Quando um iniciador ativa a polimerização, as moléculas de monómero são adicionadas uma a uma à extremidade da cadeia ativa na etapa de propagação. O local reativo é regenerado após cada adição de monómero.

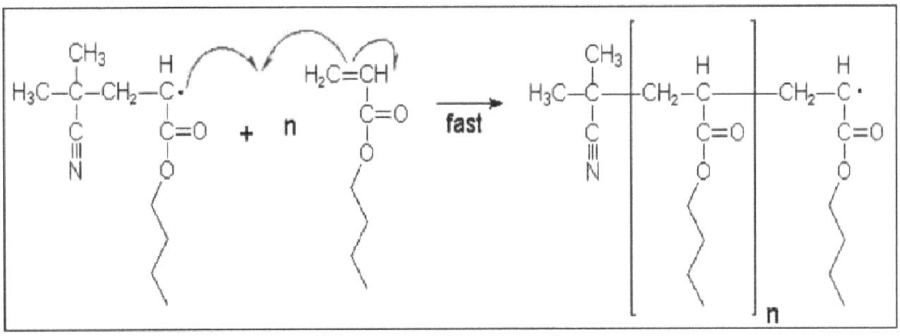

Esquema:8 Propagação

O monómero adiciona-se rapidamente ao pequeno número de cadeias em crescimento presentes num dado momento.

1.6.2.1.2.5.3 Terminação: Nesta etapa final, a erradicação dos sítios activos dá origem a **macromoléculas "terminadas" ou inertes. A terminação ocorre através de reacções de acoplamento de** dois centros activos (designada por combinação) ou transferência atómica entre cadeias activas (designada por desproporção). O processo de cadeia de radicais livres é demonstrado esquematicamente (desproporção neste exemplo) [810]

Regime:9 Cessação

A terminação é um processo *bimolecular* e ocorre quando duas extremidades da cadeia em crescimento se encontram.

1.6.2.1.2.5.4 Transferência: Ocorre quando um local ativo é transferido para uma molécula independente, como o monómero, o iniciador, o polímero ou o solvente. Este processo resulta tanto numa molécula terminada como num novo sítio ativo que é capaz de se propagar[3] .

1.6.2.1.2.6 O MODELO DE FÁBRICA

Todas as polimerizações em cadeia têm as etapas de iniciação, propagação e terminação. Estas três etapas são completamente independentes, ocorrendo cada uma com cinética e mecanismo químico diferentes. Estes processos podem ser visualizados através do modelo de "fábrica"[3] .

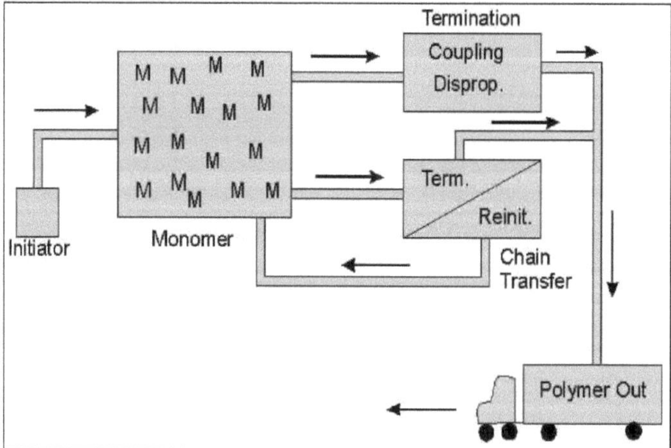

Figura:1.4 O modelo da fábrica

10

1.6.2.1.2.7 MECANISMO DE POLIMERIZAÇÃO POR RADICAIS LIVRES

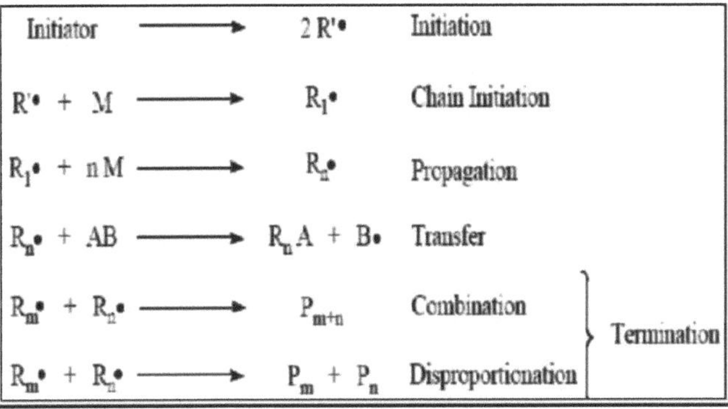

Esquema: 10 Mecanismo de polimerização por radicais livres

R' representa um radical livre capaz de iniciar a propagação; M representa uma molécula de monómero; m R e Rn referem-se a cadeias de radicais em propagação com grau de polimerização de **m** e **n**, respetivamente; AB é um agente de transferência de cadeia; e Pn + Pm representam macromoléculas terminadas. Uma vez que a transferência de cadeia pode ocorrer para cada radical em qualquer grau de polimerização, a influência da transferência de cadeia no grau médio de polimerização e na polidispersidade tem enormes consequências. Além disso, a propagação é uma reação de primeira ordem, enquanto a terminação é de segunda ordem. Assim, a proporção de terminação para propagação aumenta substancialmente com o aumento das concentrações de radicais livres. A transferência de cadeias e a terminação são impossíveis de controlar nos processos clássicos de radicais livres, o que constitui uma grande desvantagem quando se deseja controlar a polimerização[19-20].

1.6.2.1.2.8 LIMITAÇÕES DA POLIMERIZAÇÃO POR RADICAIS LIVRES

- Devido às reacções de terminação controladas por difusão entre radicais em crescimento, há pouco controlo sobre a distribuição da massa molar (Dm),
- Uma vez que o tempo de vida típico de uma cadeia em propagação é muito curto, na ordem de 1s, não é possível sintetizar copolímeros em bloco ou outras topologias de cadeia, e
- Não existe qualquer controlo sobre a tacticidade do polímero "[1015].

1.6.2 Classificação com base em estruturas:

Os polímeros são classificados em três tipos, de acordo com as suas estruturas.

1.6.2.1 Polímeros lineares:

As unidades monoméricas combinam-se umas com as outras, formando uma cadeia longa e rectilínea e obtendo-se um polímero linear. As fibras estão incluídas nos polímeros lineares. Os polímeros lineares são obtidos a partir de cources naturais como o algodão, a seda, a lã, o linho, enquanto os polímeros lineares sintéticos são o terileno, o nylon, os poliésteres, o orlon, etc. Os polímeros lineares estão dispostos numa cadeia longa, como se mostra na figura.

1.6.2.2 Polímeros de cadeia ramificada:

Este tipo de polímeros contém ramificações entre a cadeia longa e reta na sua constituição. As unidades monoméricas combinam-se umas com as outras, formam uma cadeia longa e reta e se esta cadeia contém ramificações entre elas, então chama-se polímero ramificado. Este tipo de polímero termoplástico contém polímeros de baixa densidade (LDP). Por exemplo, o poliestireno, o PVC, o Teflon, etc. são polímeros ramificados.

1.6.2.3 Polímeros reticulados:

Neste tipo de polímeros, o monómero bifuncional ou trifuncional combina-se com uma ligação covalente entre a cadeia longa do polímero. A cadeia longa do polímero é unida por uma forte ligação covalente e forma uma estrutura semelhante a uma rede.

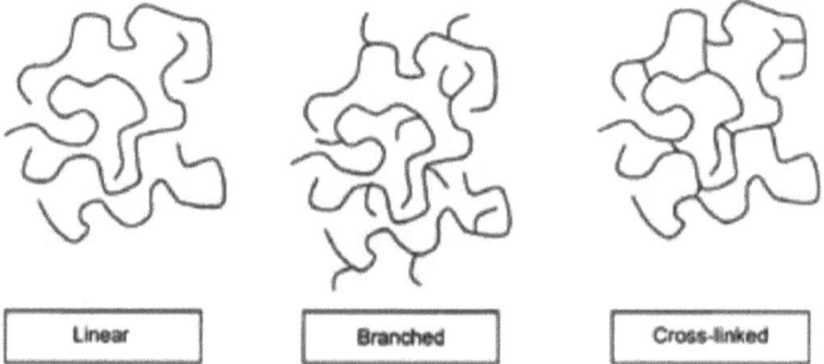

1.6.3 Classificação com base no modo de reação de polimerização :

Com base na reação de polimerização, os polímeros são classificados em duas categorias

1.6.3.1 Polímeros de adição:

Devido à reação de adição, quando a ligação dupla ou tripla contendo inúmeras moléculas de monómero se combinam entre si por ligação química, formam um polímero de adição, como o polieteno formado a partir do etano. O polipropeno formado a partir do porpeno e o poliestireno formado a partir do estireno são polímeros de adição. Por exemplo, inúmeras moléculas de monómeros de propeno são unidas entre si por reação de polimerização de adição e formam o polímero de polipropileno.

1.6.3.1.1 Homopolímeros:

Quando o mesmo tipo de inúmeros monómeros se combinam entre si numa reação de polimerização adicional e formam um polímero, este é conhecido como Homopolímero.

Inúmeras moléculas de monómeros de etano são unidas por reação de polimerização por adição, formando então o políteno homopolímero

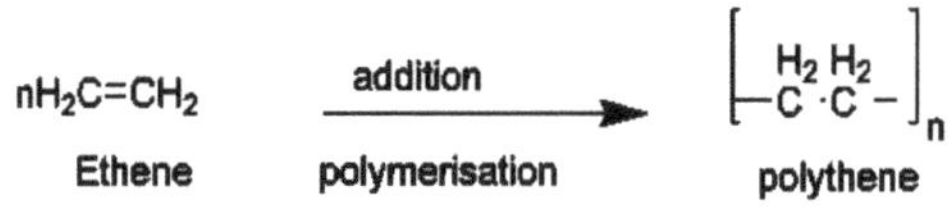

$$nH_2C=CH_2 \quad \xrightarrow[\text{polymerisation}]{\text{addition}} \quad \left[-\underset{C}{\overset{H_2}{C}}\cdot\underset{C}{\overset{H_2}{C}}-\right]_n$$

Ethene polymerisation polythene

Inúmeras moléculas de monómeros de propeno são unidas por reação de polimerização por adição, formando então o homopolímero polipropeno

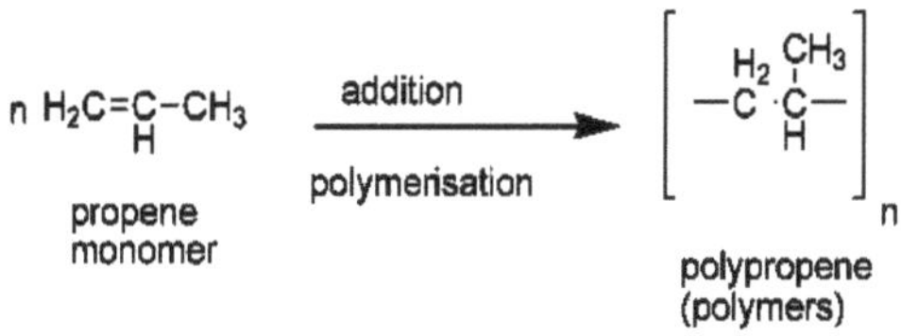

$$n\ H_2C=\underset{H}{\overset{}{C}}-CH_3 \quad \xrightarrow[\text{polymerisation}]{\text{addition}} \quad \left[-\underset{}{\overset{H_2}{C}}\cdot\underset{H}{\overset{CH_3}{C}}-\right]_n$$

propene
monomer

polypropene
(polymers)

No homopolímero, que é formado pela reação de adição, a unidade de repetição é totalmente baseada no monómero. A designação destes homopolímeros é baseada no nome da unidade monomérica.

1.6.3.1.2 Copolímero:

Na reação de polimerização adicional, quando dois ou mais de dois tipos diferentes de inúmeros monómeros se combinam entre si para formar um polímero, este é conhecido como copolímero. Por exemplo, o nylon-6,6, o terileno, a baquelite, a melamina, etc., são copolímeros

Inúmeras moléculas de dois tipos diferentes de buta-1,3-dieno e estireno combinam-se por reação de polimerização por adição para formar um copolímero do tipo ruuber, (buadieno-estireno)

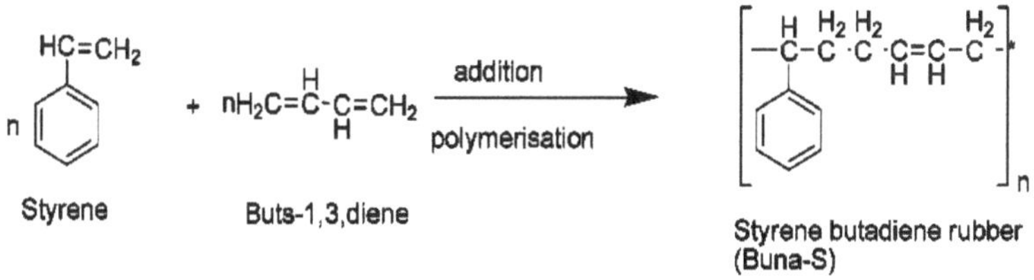

Styrene   Buts-1,3,diene

Styrene butadiene rubber
(Buna-S)

Aqui, dois tipos diferentes de inúmeros monómeros de 1,3-butadieno e estireno combinam-se entre si por reação de adição para formar polímeros, pelo que se designa por copolímero. A unidade de repetição deste copolímero formado por reação de adição depende do grupo funcional de dois monómeros diferentes.

1.6.3.2 Polímero de condensação:

Na reação de polimerização, dois tipos diferentes de inumeráveis unidades monoméricas contendo igualmente grupos bi ou tri funcionais combinam-se entre si em igual proporção por reação de condensação para formar o polímero, pelo que é chamado polímero de condensação.O seu nome é dado pelo grupo funcional presente na unidade de repetição. O polímero de condensação de poliamida contém o grupo funcional -CONH- e o polímero de condensação que contém o grupo funcional -COO- é chamado poliéster.

A reação de polimerização entre o ácido adípico e o hexametilenodiamina forma um polímero de condensação nlon-6,6.

$$n\ H_2N-(CH_2)_6-NH_2 + n\ HOOC-(CH_2)_4-COOH \xrightarrow[\text{Polymerisation}]{\text{condensation}}$$

Hexamethylene diamine   Adipic acid

$$\left[-\overset{H}{N}-(CH_2)_6-\underset{H}{N}-\overset{O}{C}-(CH_2)_4-\overset{}{\underset{O}{C}}- \right]_n$$

Nylon-6,6

Na reação acima referida, o monómero hexametilenodiamina contém dois grupos funcionais semelhantes -NH2 e o outro monómero, o ácido adípico, possui dois grupos funcionais semelhantes -COOH. Quando uma proporção igual (n:n) de inúmeras unidades de dois monómeros é combinada por reação química, são libertadas n moléculas de H2O.

Devido à presença do grupo funcional amida (-CONH-), o polímero de condensação nylon-6,6 obtido é um polímero da série das poliamidas.

1.6.4 Classificação baseada em forças moleculares:

Os polímeros são utilizados em diferentes domínios, de acordo com as suas características. Os polímeros são classificados pelas suas propriedades mecânicas, tais como a resistência à tração, a elasticidade e a tenacidade. Estas propriedades são demonstradas com a ajuda das forças de atração intermoleculares e das ligações de hidrogénio nos polímeros.

É classificado com base nas forças de atração intermoleculares presentes no polímero em quatro subcategorias, a saber

1.6.4.1 Elastómeros:

Nos polímeros elastoméricos, as cadeias longas de polímeros são mantidas juntas por forças de atração intermoleculares fracas. Devido às forças de ligação intermoleculares fracas, o elastómero pode ser esticado. A borracha natural, o neopreno, o isopreno, o Buna-N, etc., podem ser incluídos nos exemplos de elastómeros.

$$\left[-\overset{H_2}{C}-\underset{Cl}{C}=\underset{H}{C}-\overset{H_2}{C}- \right]_n \quad \textbf{Neoprene}$$

1.6.4.2 Fibras :

Os compostos poliméricos que possuem uma elevada resistência à tração e um elevado módulo de elasticidade são conhecidos como fibras. Devido às fortes forças intermoleculares e às ligações de hidrogénio, esta propriedade é observada nas fibras.

$$\left[\; -\overset{\text{H}}{\underset{}{\text{N}}}-(CH_2)_6-\overset{}{\underset{\text{H}}{\text{N}}}\text{———}\overset{\text{O}}{\underset{}{\text{C}}}-(CH_2)_4-\overset{}{\underset{\text{O}}{\text{C}}}- \; \right]_n$$

Nylon-6,6

1.6.4.3 Polímeros termoplásticos :

Neste tipo de polímeros, a configuração ligeiramente ramificada é observada na longa cadeia de moléculas enormes.

Este polímero torna-se macio ao ser aquecido a uma temperatura mais elevada do que a temperatura normal e torna-se novamente infusível ao arrefecer. A sua estrutura muda a uma temperatura mais elevada. Neste tipo de polímeros, as forças intermoleculares são mais do que as dos elastómeros e menos do que as das fibras.

$$\left[\; -\overset{}{\underset{}{\text{C}}}\overset{\text{H}_2}{}\; \overset{\text{Cl}}{\underset{\text{H}}{\text{C}}}- \; \right]_n \qquad \textbf{polyvinyl chloride (PVC)}$$

1.6.4.4 Polímeros termoendurecíveis:

A constituição deste polímero é uma grande estrutura molecular de polímeros do tipo reticulado ou a estrutura é vista como uma longa cadeia contendo muitos ramos. Estes polímeros são aquecidos a uma temperatura mais elevada do que a temperatura normal e a sua ligação reticulada é aumentada, mas não se tornam moles. Nestes polímeros, mesmo a uma temperatura mais elevada, não há alterações na sua estrutura.

1.7 APLICAÇÕES DA POLIMERIZAÇÃO POR RADICAIS VIVOS[22]

A polimerização vai desde a substituição de produtos existentes em mercados existentes até novos conceitos de materiais, criando novas aplicações, tais como algumas abordagens muito inovadoras para a entrega de medicamentos através da síntese de copolímeros dibloco bem definidos por ATRP.

Os copolímeros em bloco com um bloco hidrofóbico curto ($5 < DPn < 9$) foram explorados em pormenor para o desenvolvimento de novos transportadores coloidais para a administração de compostos carregados electroestaticamente (por exemplo, ADN), através da formação de micelas complexas de poliões[17] . Alguns dos mercados actuais visados pelos materiais preparados pelo processo de polimerização radicalar viva são: Adesivos; Selantes[34-36] ; Emulsionantes[19] ; Compatibilizadores de misturas de polímeros; Revestimentos; Tonificantes; Dispersantes; Lubrificantes; Composições selantes curáveis; Materiais elastoméricos, Administração de medicamentos, Cosméticos, Materiais com propriedades físicas específicas[25-27] .

As referências anteriores centraram-se nas aplicações identificadas pela investigação empresarial, em patentes e pedidos de patente. Os trabalhadores académicos[28-29] também estão a revelar algumas novas aplicações. Embora esta tenha sido apenas uma breve revisão de novos materiais preparados utilizando polimerizações de radicais controlados, pode-se facilmente ver que, independentemente do tipo de polimerização de radicais controlados empregue, estas metodologias abrem a porta a uma vasta gama de novos polímeros com propriedades únicas.

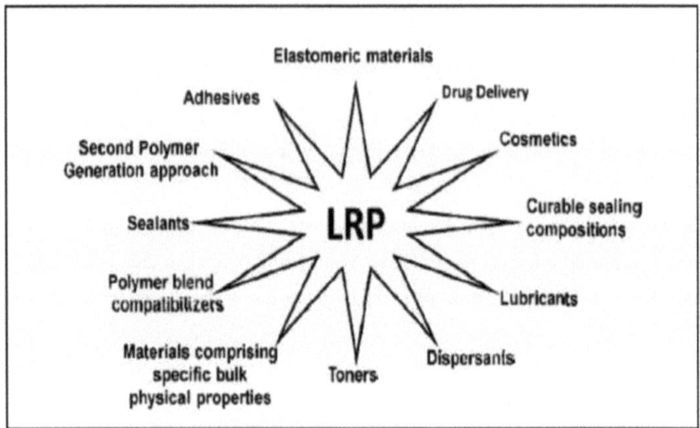

Figura:1.6 Aplicações da Polimerização Radical Viva [30]

De facto, o controlo sobre a distribuição das sequências poliméricas está em constante expansão e, recentemente, foram comunicadas cadeias de heteropolímeros multiblocos com até 100 blocos numa sequência ordenada e comprimentos de bloco controláveis[89] . A PCR é uma das áreas da química em mais rápido desenvolvimento, com o número de publicações a duplicar todos os anos.

CAPÍTULO 2

DETERMINAÇÃO DO TEOR DE BAIXO PESO MOLECULAR DE UM POLÍMERO

2.1 CONSIDERAÇÕES INICIAIS

Uma vez que as propriedades dos polímeros são tão variadas, é impossível descrever um único método que estabeleça com exatidão as condições de separação e avaliação que abranjam todas as eventualidades e especificidades que ocorrem na separação de polímeros. Em particular, os sistemas poliméricos complexos não são frequentemente passíveis de cromatografia de permeação em gel (GPC). Quando a GPC não é praticável, o teor de baixo peso molecular pode ser determinado através de outros métodos. Nesses casos, devem ser fornecidos pormenores completos e justificação para o método utilizado.[41]

O método descrito baseia-se na norma DIN 55672[1] . A norma DIN contém informações pormenorizadas sobre a forma de efetuar as experiências e de avaliar os dados. Caso sejam necessárias modificações das condições experimentais, estas alterações devem ser justificadas. Podem ser utilizadas outras normas, desde que devidamente referenciadas. O método descrito utiliza amostras de poliestireno com polidispersão conhecida para a calibração. O método pode ter de ser modificado para ser adequado a determinados polímeros, por exemplo, polímeros solúveis em água e polímeros ramificados de cadeia longa[42-45] .

2.2 DEFINIÇÕES

A massa molecular média numérica Mn e a massa molecular média ponderal Mw são determinadas utilizando as seguintes equações[46] :

$$M_w = \frac{\sum_{i=1}^{n} H_i \times M_i}{\sum_{i=1}^{n} H_i}$$

em que Hi é o nível do sinal do detetor a partir da linha de base para o volume de retenção Vi, Mi é o peso molecular da fração de polímero no volume de retenção Vi e mn é o número de pontos de dados[44] .

A amplitude da distribuição do peso molecular, que é uma medida da disparidade do sistema, é dada pelo rácio Mw/Mn. O baixo peso molecular é arbitrariamente definido como um peso molecular inferior a 1000 Dalton.

2.4 SUBSTÂNCIAS DE REFERÊNCIA

Uma vez que o GPC é um método relativo, é necessário efetuar uma calibração. Para este efeito, utilizam-se normalmente padrões de poliestireno de distribuição linear e estreita, com pesos moleculares médios conhecidos Mn e Mw e uma distribuição de peso molecular conhecida[45-50] . A curva de calibração só pode ser utilizada na determinação do peso molecular da amostra desconhecida se as condições de separação da amostra e dos padrões tiverem sido seleccionadas de forma idêntica. Uma relação determinada entre o peso molecular e o volume de eluição só é válida sob as condições específicas da experiência em causa. As condições incluem, sobretudo, a temperatura, o solvente (ou mistura), as condições cromatográficas e a coluna ou sistema de colunas de separação[56]. Os pesos moleculares da amostra determinados desta forma são valores relativos e são descritos como "pesos moleculares equivalentes de poliestireno". Isto significa que, dependendo das diferenças estruturais e químicas entre a amostra e os padrões, os pesos moleculares podem desviar-se dos valores absolutos para um grau maior ou menor. Se forem utilizados outros padrões, por exemplo, poli(etilenoglicol), poli(óxido de etileno), poli(metacrilato de metilo), poli(ácido acrílico), a razão deve ser indicada[51-55].

2.5 PRINCÍPIO DO MÉTODO

Tanto a distribuição do peso molecular de uma amostra como os pesos moleculares médios (Mn, Mw) podem ser determinados utilizando GPC. A GPC é um tipo especial de cromatografia líquida em que a amostra é separada de acordo com os volumes hidrodinâmicos dos constituintes individuais[2]. A separação é efectuada à medida que a amostra passa através de uma coluna que é preenchida com um material poroso, normalmente um gel orgânico.

As moléculas pequenas podem penetrar nos poros, enquanto as moléculas grandes são excluídas. O trajeto das moléculas grandes é assim mais curto e estas são eluídas em primeiro lugar. As moléculas de tamanho médio penetram nalguns dos poros e são eluídas mais tarde. As moléculas mais pequenas, com um raio hidrodinâmico médio inferior aos poros do gel, podem penetrar em todos os poros. São eluídas em último lugar.

Numa situação ideal, a separação é regida inteiramente pelo tamanho das espécies moleculares, mas na prática é difícil evitar que pelo menos alguns efeitos de absorção interfiram. O empacotamento irregular da coluna e os volumes mortos podem piorar a situação[2].

A deteção é efectuada, por exemplo, pelo índice de refração ou pela absorção de UV, e produz uma curva de distribuição simples. No entanto, para atribuir valores reais de peso molecular à curva, é necessário calibrar a coluna através da passagem de polímeros de peso molecular conhecido e, idealmente, de estrutura muito semelhante. Normalmente, o resultado é uma curva gaussiana, por vezes distorcida por uma cauda no lado de baixo peso molecular, com o eixo vertical a indicar a quantidade, em peso, das várias espécies de peso molecular eluídas e o eixo horizontal o peso molecular logarítmico. O teor de baixo peso molecular é obtido a partir desta curva. O cálculo só pode ser exato se as espécies de baixo peso molecular responderem de forma equivalente, por massa, ao polímero como um todo.

Em princípio, os mesmos requisitos aplicam-se à preparação das soluções de amostra. A amostra é dissolvida num solvente adequado, por exemplo, tetrahidrofurano (THF), agitando-a cuidadosamente. Não deve, em caso algum, ser dissolvida num banho de ultra-sons.

Quando necessário, a solução de amostra é purificada através de um filtro de membrana com um tamanho de poro entre 0,2 e 2 mm. A presença de partículas não dissolvidas deve ser registada no relatório final, uma vez que podem ser devidas a espécies de elevado peso molecular. Deve ser utilizado um método adequado para determinar a percentagem em peso das partículas não dissolvidas. As soluções devem ser utilizadas no prazo de 24 horas.

2.5.1 . Solventes

Todos os solventes devem ser de elevada pureza (no caso do THF é utilizada uma pureza de 99,5 %). O reservatório de solvente (se necessário numa atmosfera de gás inerte) deve ser suficientemente grande para a calibração da coluna e para várias análises de amostras. O solvente deve ser desgaseificado antes de ser transportado para a coluna através da bomba[56-57] .

2.5.2 Controlo da temperatura

A temperatura dos componentes internos críticos (circuito de injeção, coluna(s), detetor e tubagem) deve ser constante e consistente com a escolha do solvente.

2.5.3 Detetor

O objetivo do detetor é registar quantitativamente a concentração da amostra eluída da coluna. Para evitar o alargamento desnecessário dos picos, o volume da cuvete da célula do detetor deve ser mantido o mais pequeno possível. Não deve ser superior a 10 µl, exceto no caso dos detectores de dispersão da luz e de viscosidade. A refratometria diferencial é normalmente utilizada para a deteção. Contudo, se as propriedades específicas da amostra ou do solvente de eluição o exigirem, podem ser utilizados outros tipos de detectores, por exemplo, UV/VIS, IR, detectores de viscosidade, etc.

2.5.4 Dados

A norma DIN[1] deve ser consultada para os critérios de avaliação pormenorizados, bem como para os requisitos relativos à recolha e ao tratamento de dados. Para cada amostra analisada, devem ser efectuadas duas experiências independentes. Estas têm de ser analisadas individualmente.

É necessário indicar explicitamente que os valores medidos são valores relativos equivalentes aos pesos moleculares do padrão utilizado. Em todos os casos, é indispensável determinar igualmente os dados relativos aos ensaios em branco, tratados nas mesmas condições que a amostra.

Após a determinação dos volumes de retenção ou dos tempos de retenção (eventualmente corrigidos com um padrão interno), os valores de log Mp (sendo Mp o pico máximo do padrão de calibração) são representados num gráfico em função de uma dessas quantidades. São necessários pelo menos dois pontos de calibração por década de peso molecular e pelo menos cinco pontos de medição para a curva total, que deve abranger o peso molecular estimado da amostra. O ponto final de baixo peso molecular da curva de calibração é definido pelo n-hexilbenzeno ou outro soluto não polar adequado. A parte da curva correspondente a pesos moleculares inferiores a 1000 é determinada e corrigida, se necessário, em função das impurezas e aditivos. As curvas de eluição são geralmente avaliadas por meio de processamento eletrónico de dados. No caso de se utilizar a digitalização manual, a norma ASTM D 3536-91 pode ser consultada em[3, 57, 59,66] .

Se algum polímero insolúvel ficar retido na coluna, é provável que o seu peso molecular seja superior ao da fração solúvel, pelo que a sua não consideração resultaria numa sobrestimação do teor de baixo peso molecular. As orientações para a correção do teor de baixo peso molecular para o polímero insolúvel são fornecidas no anexo.

A curva de distribuição deve ser apresentada sob a forma de um quadro ou de uma figura (frequência diferencial ou soma das percentagens em função do log M). Na representação gráfica, uma década de peso molecular deve ter, normalmente, cerca de 4 cm de largura e o pico máximo deve ter cerca de 8 cm de altura. No caso das curvas de distribuição integral, a diferença na ordenada entre 0 e 100% deve ser de cerca de 10 cm.

3. ÁCIDO ACRÍLICO

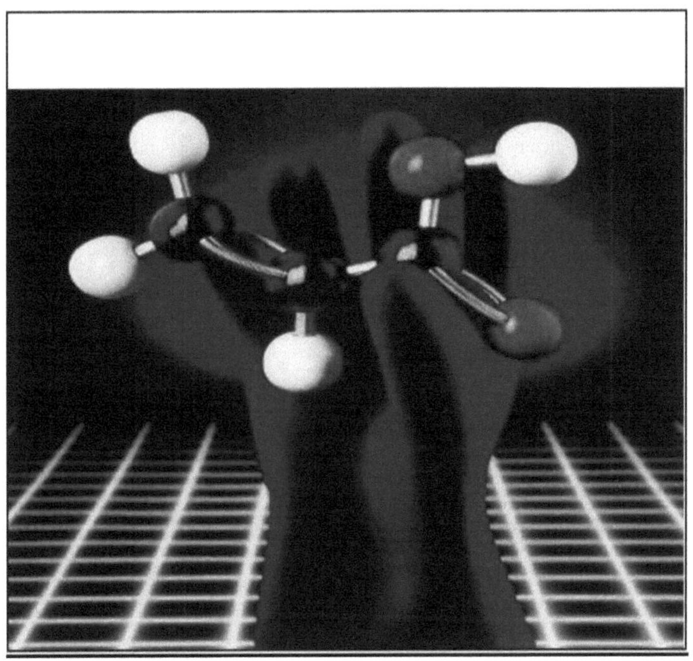

Tabela 3.1.1: CARACTERÍSTICAS MOLECULARES DO ÁCIDO ACRÍLICO.

Chemical Name	Molecular Formula	$M\ /\ g\ mol^{-1}$	MP,°C	Viscosity
Acrylic acid	$C_3H_4O_2$	72.06	141^0	1.3 cP at 20^0C

O ácido acrílico é o ácido carboxílico insaturado mais simples e é um elemento fundamental para milhares de produtos de consumo. Trata-se de um produto químico de base com uma procura atual no mercado de cerca de 10 mil milhões de libras por ano, prevendo-se que ultrapasse os 13 mil milhões de libras e os 12 milhões até ao final de 2018. O aumento da população, o aumento do tempo de vida e a melhoria do estilo de vida aumentaram significativamente a procura e o crescimento do mercado de polímeros superabsorventes no mundo desenvolvido e em desenvolvimento, que inclui produtos de higiene descartáveis, como fraldas para bebés e pensos higiénicos. Prevê-se que a maior parte do crescimento do mercado ocorra na China e na Índia, uma vez que estes países produzem quantidades crescentes de produtos que utilizam ácido acrílico como intermediário, com aplicações que incluem detergentes, revestimentos, adesivos, selantes, bem como artigos de higiene pessoal.

A capacidade da dupla ligação carbono-carbono de sofrer reacções de radicais livres leva à sua vasta utilidade em reacções de polimerização, enquanto o grupo carboxi permite a reação de deslocamento nucleofílico, bem como a reação de esterificação. Estas funcionalidades conjuntas constituem vias convenientes para materiais heterocíclicos complicados. Devido à reatividade da dupla ligação carbono-carbono vinílica, devem ser adicionados inibidores ao produto para evitar a polimerização indesejada.

O propileno é um subproduto do cracking de hidrocarbonetos e da refinação de nafta e o seu preço segue de perto o do petróleo. Devido às elevadas taxas de produção das refinarias nos EUA, o propileno tem sido vendido com um ligeiro desconto em relação ao etileno.

3.3 PROPRIEDADES E UTILIZAÇÕES DO ÁCIDO ACRÍLICO

O ácido acrílico é um líquido incolor com um odor acre irritante à temperatura e pressão ambiente. O seu limiar de odor é baixo (0,20-3,14 mg/m3). É miscível em água e na maioria dos solventes orgânicos. O ácido acrílico está disponível comercialmente em dois graus: grau técnico (94%) para esterificação, e grau glacial (98-99,5% em peso e um máximo de 0,3% de água em peso) para a produção de resinas solúveis em água. O ácido acrílico polimeriza facilmente quando exposto ao calor, à luz ou a metais, pelo que é adicionado um inibidor de polimerização ao ácido acrílico comercial para evitar a forte polimerização exotérmica. Os inibidores que são normalmente utilizados nas preparações de ácido acrílico são os

- éter monometílico de hidroquinona (metoxifenol) a 200 ± 20 ppm
- fenotiazina a 0,1%
- hidroquinona a 0,1%
- Azul de metileno a 0,5 a 1,0%
- Pode também ser utilizada a N,N'-difenil- p-fenilenodiamina a 0,05%.

O ácido acrílico reage facilmente com radicais livres e agentes electrofílicos ou nucleofílicos. Pode polimerizar na presença de ácidos (ácido sulfúrico, ácido clorossulfónico), álcalis (hidróxido de amónio), aminas (etilenodiamina, etilenoimina, 2-aminoetanol), sais de ferro, temperatura elevada, luz, peróxidos e outros compostos

Que formam peróxidos ou radicais livres. Na ausência de inibidor, formam-se peróxidos Quando o oxigénio é purgado para o ácido acrílico, é necessária a presença de oxigénio para que o estabilizador funcione eficazmente. O ácido acrílico nunca deve ser manuseado numa atmosfera inerte. A congelação do ácido acrílico ocorre a 13°C. O descongelamento em condições de temperatura inadequadas é outra razão frequente para a polimerização do ácido acrílico. O ácido acrílico é um forte agente corrosivo para muitos metais, como o aço não ligado, o cobre e o latão.[72,73]

3.4 PROPRIEDADES QUÍMICAS:

O ácido acrílico sofre reacções características tanto dos ácidos insaturados como dos ácidos ou ésteres carbónicos alifáticos. A elevada reatividade destes compostos resulta dos dois centros insaturados situados na posição conjugada. O átomo de carbono β, polarizado pelo grupo carbonilo, comporta-se como um eletrófilo, o que favorece a adição de uma grande variedade de nucleófilos e de compostos de hidrogénio ativo ao grupo vinilo.

Além disso, a ligação dupla carbono-carbono sofre reacções de adição iniciadas por radicais, reacções de Diels-Alder com dienos e reacções de polimerização. A função carboxilo está sujeita às reacções de deslocamento típicas dos ácidos alifáticos e dos ésteres, tais como a esterificação e a transesterificação. As reacções conjuntas das funções vinil e carboxilo, especialmente com reagentes bifuncionais, constituem frequentemente uma via conveniente para substâncias policíclicas e heterocíclicas[75] .

Os ácidos acrílicos polimerizam-se muito facilmente. A polimerização é catalisada pelo calor, luz e peróxidos e inibida por estabilizadores, como o éter monometílico da hidroquinona ou a própria hidroquinona. Estes inibidores fenólicos só são eficazes na presença de oxigénio e são altamente exotérmicos.

3.5 UTILIZAÇÕES DOS ÁCIDOS ACRÍLICOS:

A produção mundial de ácido acrílico em 1994 foi estimada em cerca de 2 milhões de toneladas. O ácido acrílico é utilizado principalmente como matéria-prima para a produção de ésteres acrílicos, como monómero para o ácido poliacrílico e seus sais, como comonómero com a acrilamida para polímeros utilizados como floculantes, com o etileno para polímeros de resinas de permuta iónica e com o éster metílico para polímeros. O ácido acrílico é utilizado no domínio da aplicação de plásticos, no fabrico e revestimento de papel, em tintas para exteriores de madeira e alvenaria, em revestimentos de placas comprimidas e materiais de construção afins, na floculação de finos de minério e de águas residuais e no tratamento de águas residuais, em tintas de impressão, tintas para paredes interiores, vernizes para pavimentos, revestimentos de pavimentos e paredes, primários industriais, engomagem, tratamento e acabamento de têxteis, impregnação e acabamento de couros, vedantes de alvenaria, aditivos para óleos lubrificantes e combustíveis, vernizes para acabamentos de automóveis, electrodomésticos e mobiliário, aglutinantes farmacêuticos, revestimentos de metais a quente, a polimerização espontânea do ácido acrílico é extremamente violenta.

3.6 Fabrico de ácido acílico.

O ácido acrílico é produzido principalmente a partir de dois hidrocarbonetos, sendo o primeiro o etileno e o segundo o propileno.

3.6.1 Produzido a partir de etileno:

Este processo utiliza catalisadores heterogéneos altamente activos e muito selectivos, constituídos por óxidos metálicos como o vanádio e o molibdénio, para oxidar o propileno em acroleína na primeira fase, sendo possível obter rendimentos superiores a 85%.

$$C_3H_6 + O_2 \rightarrow C_3H_4O \qquad (2.1)$$

$$C_3H_4O + O_2 \rightarrow C_3H_4O2 \qquad (2.2)$$

A segunda etapa envolve a oxidação adicional da acroleína em ácido acrílico utilizando óxidos de cobalto-molibdénio a temperaturas de reação de 200 a 400C com tempos de contacto de cerca de 2 segundos. Este processo atual dá rendimentos de ácido acrílico de cerca de 80-90% após absorção pela água.

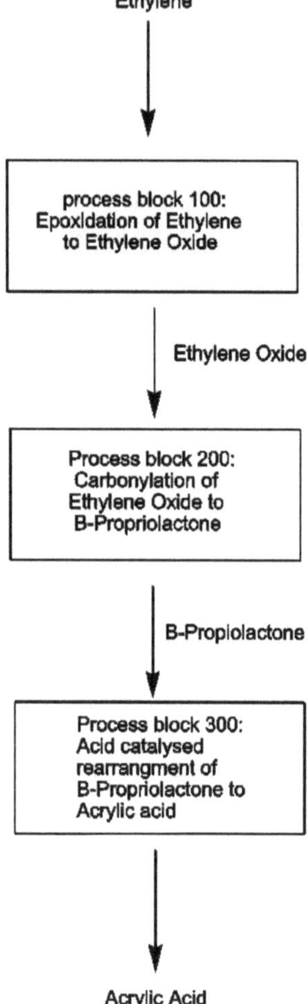

Este projeto de design investiga uma plataforma de produção baseada em etileno. O etileno será oxidado ao seu epóxido, que será depois carbonilado em P-propiolactona. O intermediário de propiolactona será então tratado com ácido fosfórico concentrado para permitir o rearranjo em ácido acrílico. O projeto é concebido em três etapas principais de reação, incluindo a oxidação do etileno, a carbonilação do óxido de etileno e o rearranjo catalisado por ácido da β-propiolactona.

Etapa 1: Oxidação do etileno

O método mais comum de produção de óxido de etileno consiste na oxidação direta, em fase de vapor, do etileno com oxigénio de elevada pureza num reator tubular. O processo utiliza um catalisador de prata num

24

suporte de alumina sob a forma de anéis ou de lóbulos para aumentar a área de superfície.A reação ocorre na presença de CO2 reciclado e de gases inertes, incluindo metano, azoto e árgon. Os inertes são deliberadamente incluídos para retirar o etileno e o oxigénio da região de inflamabilidade e eliminar os radicais livres, evitando assim uma reação de fuga. Os inertes também contribuem para as condições da reação, aumentando a capacidade térmica do fluxo e melhorando a remoção de calor da reação exotérmica, ajudando a manter um perfil de temperatura mais baixo.

A oxidação do etileno funciona geralmente com uma seletividade de 80-90% com base no catalisador de prata-alumina de qualidade industrial utilizado. O aumento da temperatura aumenta a taxa de reação, mas diminui a seletividade, pelo que, num esforço para maximizar a seletividade, a conversão de etileno por passagem é mantida entre 10-20% e 15-25 bar. A remoção de calor é importante para manter a seletividade e evitar a ocorrência de pontos quentes. Os reactores são geralmente arrefecidos a óleo ou água a ferver para manter uma temperatura dentro da gama de funcionamento aceitável.

Etapa 2: Carbonilação do óxido de etileno

O óxido de etileno resultante da primeira etapa é combinado com monóxido de carbono obtido na costa do golfo na segunda etapa para produzir β-propiolactona. Devido à sua toxicidade, a propiolactona não será isolada. Trata-se de uma reação catalisada em fase líquida, com pressão mantida através da utilização de CO.

Outro pressuposto técnico diz respeito à estabilidade do catalisador a uma temperatura mais elevada. Como os resultados das patentes mostraram, o catalisador mantém a sua estabilidade e não se decompõe a 80 °C. O promotor TPT tem um ponto de ebulição superior a 300 °C e liga-se a complexos carbonilo metálicos, pelo que se assumiu que é estável a temperaturas mais elevadas, como 240 °C

Etapa 3: Rearranjo catalisado por ácido da β-Propiolactona

O ácido fosfórico e a propiolactona são misturados na terceira fase para induzir um rearranjo catalisado por ácido homogéneo que produz o produto ácido acrílico. A reação é realizada na fase líquida sob vácuo a alta temperatura.

O reator é inicialmente carregado com a quantidade necessária de catalisador de ácido fosfórico. O catalisador é mantido na fase líquida através da adição de quantidades vestigiais de água quando a viscosidade do ácido aumenta significativamente. À medida que a reação prossegue, neste ponto, adiciona-se mono metil éter hidroquinona (MEHQ) como inibidor para evitar a polimerização do produto de ácido acrílico.

3.5.1 Produzido a partir de propano:

O ácido acrílico é normalmente produzido através da oxidação parcial catalítica do propileno.

$$C_3H_6 + 3/2 O_2 \longrightarrow C_3H_4O_2 + H_2O$$

Além disso, o ácido acrílico pode também ser produzido através de uma oxidação selectiva do propano numa única fase sobre um catalisador seletivo:

$$C_3H_8 + 2O_2 \longrightarrow C_3H_4O_2 + 2H_2O$$

A rede de reação proposta é apresentada na figura abaixo, com as energias de ativação das vias apresentadas e os asteriscos a indicar os intermediários activos. O propileno pode passar por um intermediário radical σ-alilo antes de atingir a acroleína, como indicado a vermelho abaixo

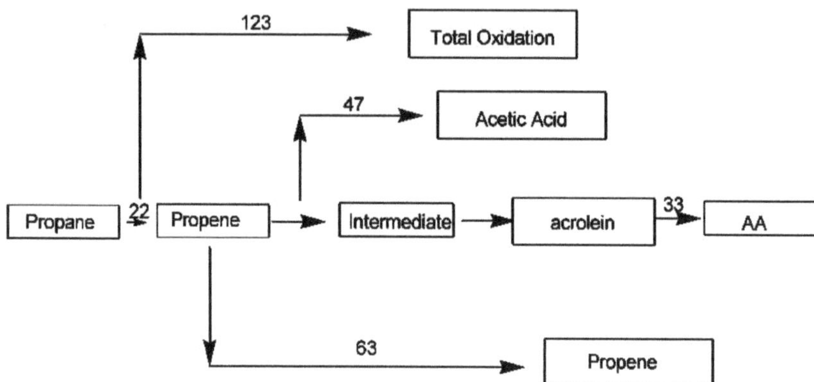

As reacções secundárias deste processo incluem a oxidação total, como se vê na reação, e a produção de ácido acético através de propileno ativado ou acroleína na reação. As reacções secundárias de oxidação total podem ser minimizadas mantendo a temperatura do reator ao nível desejado, removendo o excesso de calor da reação altamente exotérmica. Adicionalmente, a utilização de um gás inerte, como a água ou o azoto, pode evitar a oxidação excessiva do propileno, melhorando a dessorção dos ácidos acrílico e acético da superfície do catalisador.

$$C_3H_8 + 5O_2 \longrightarrow 3CO_2 + 4H_2O$$

$$C_3H_6 + 9/2\,O_2 \longrightarrow 3CO_2 + 3H_2O$$

$$C_3H_4O + 2O_2 \longrightarrow 2CO_2 + 2H_2O$$

$$C_3H_4O + 3/2\,O_2 \longrightarrow CO_2 + C_2H_4O_2$$

A oxidação parcial do propano em ácido acrílico sobre catalisadores de pirofosfato de vanádio, heteropoliácidos e catalisadores oxidantes multicomponentes tem sido estudada em grande profundidade. Só recentemente foi desenvolvido um sistema de catalisador suficientemente ativo e seletivo para substituir o processo industrial existente. Isto deve-se à dificuldade em manter temperaturas de reação elevadas (para que a taxa de reação seja elevada) e, ao mesmo tempo, evitar reacções de oxidação total.

CAPÍTULO 4
4.SECÇÃO DE EXPERIÊNCIAS

A formação de incrustações, uma camada isolante que se deposita na parede interna de mangueiras, caldeiras e outros recipientes, é um dos principais problemas encontrados em muitos processos industriais, que causam muitos problemas como a corrosão, o gasto extra de energia, a diminuição drástica do caudal, etc.[1–4]. A fim de retardar ou impedir a formação de incrustações, foram feitos esforços consideráveis para procurar inibidores químicos adequados[5–8].

Nos últimos anos, os inibidores de incrustações de copolímeros têm atraído grande interesse, uma vez que possuem vários grupos funcionais e apresentam propriedades de inibição para diferentes tipos de incrustações.[9–11] Os grupos carboxilo, acilamida, ácido fosfito e ácido sulfónico possuem boas propriedades de inibição de incrustações e têm sido utilizados em aplicações industriais para controlo de incrustações e corrosão[12-14], tais como modificadores de crescimento de cristais][15,16, dispersantes e agentes de limpeza. Espera-se que a eficiência da inibição de incrustações seja ainda melhorada através da fixação dos grupos acima referidos num polímero.

Neste trabalho, um novo inibidor de incrustações de quadripolímero (PMAA) contendo grupos carboxilo, ácido fosfito de acilamida e ácido sulfónico foi sintetizado por polimerização em solução, e a influência da concentração do inibidor de incrustações, da temperatura e da acidez do sistema na eficiência de inibição de incrustações do PMAAS foi investigada. A eficiência de inibição de incrustações do PMAAS sob alta concentração foi superior à dos inibidores de incrustações comerciais ET, MEHQ e HQ. Nas nossas experiências, obtivemos cerca de 99% de eficiência de inibição de incrustações para o $CaCO_3$ e 88,5% para o $CaSO_4$[88].

4.1 OBJECTIVO E FINALIDADES

4.1.1 OBJECTIVO:

A síntese de polímeros de baixo peso molecular é utilizada em muitas indústrias pelo método de polimerização por radicais livres.

4.1.2 OBJECTIVOS:

1. Preparação do polímero utilizando ácido acrílico e KPS (per sulfato de potássio).

2. Preparação de um polímero utilizando ácido acrílico, KPS e anidrido maleico.

3. Preparação do polímero utilizando diferentes inibidores como etileno ditiol (ET), mono metil éter hidroquinona (MEHQ), hidroquinona (HQ)

4. Verificar a viscosidade e o teor de sólidos no polímero.

4.3 EXPERIMENTAL

4.3.1 PREPARAÇÃO DO INIBIDOR DE INCRUSTAÇÕES

Anidrido maleico (MA, 98,5%), ácido acrílico (AA, 98%), acrilamida (AM, 99%), per sulfato de potássio (KPS, 99%). Todos os reagentes foram utilizados sem purificação adicional. Para comparar a eficiência de inibição das amostras, foram utilizados os inibidores ET, MEHQ e HQ, respetivamente. O ET é um inibidor do ácido acrílico-anidrido maleico no estado líquido, transparente e amarelo fraco, com um teor total de sólidos de 35%, pH a 2,0-3,0 em solução aquosa, é um inibidor do ácido carboxílico do grupo fosfónico no estado líquido transparente, incolor ou amarelo fraco, com 30% de teor de sólidos, pH a 2,0 em solução aquosa, teor total de fósforo.

Um novo inibidor de incrustação quadripolímero foi sintetizado de acordo com o seguinte procedimento de otimização. 10g de anidrido maleico (MA) foram dissolvidos suficientemente em 20ml de ácido acrílico (AA), 20ml de iniciador KPS foram adicionados sucessivamente sob pressão ambiente, a polimerização foi efectuada.

Em seguida, foi sintetizado um tripolímero poli-anidrido maleico-ácido acrílico-acrilamida (PMAA) com grupos carboxilo, acrilamida e fosfato. Com base no tripolímero, foram sintetizados 1,44 g de per sulfato de potássio (KPS) e um inibidor de incrustações quadripolímero (PMAAS) de cor amarela. As quantidades de reagentes foram optimizadas através de experiências de fator único e de experiências ortogonais como a razão molar de MA : AA : KPS : Inibidor = 10gm 2 20 ml 2 20 ml : 0,5 gm. As reacções de polimerização são apresentadas abaixo:

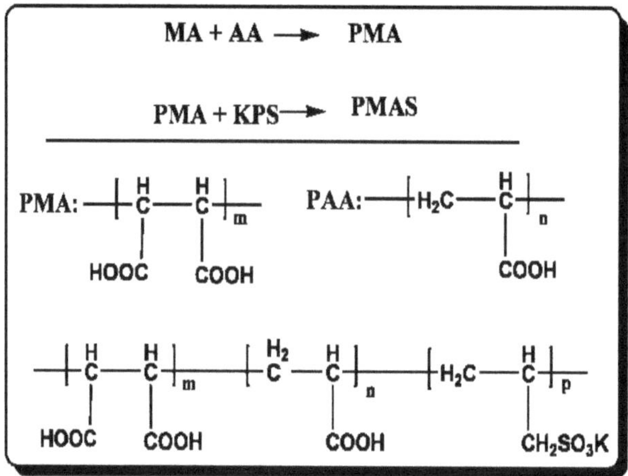

Esquema: 11 Reacções de polímeros de baixo peso molecular

4.3.   2MÉTODO EXPERIMENTAL

1) Colocar 30 ml de solução de ácido acrílico e 20 ml de solução de KPS num balão de fundo redondo. Colocar esta mistura num agitador a uma temperatura de 60 °C.

2. dissolver 5gm, 10gm, 15gm de anidrido maleico em 25 ml, 20 ml, 15 ml de ácido acrílico, respetivamente, em 3 RBF diferentes. Após manter a temperatura a 60 °c, adicionar 20 ml de KPS.

Figura: 1.7

3. Dissolver 10 g de anidrido maleico em 20 ml de ácido acrílico e adicionar etileno tiol. Após manter a temperatura a 60 °c, adicionar 20 ml de KPS.

4. Dissolver 10 g de anidrido maleico em 20 ml de ácido acrílico e adicionar mono-metil-éter hidroquinona. Após manter a temperatura a 60 °c, adicionar 20 ml de KPS.

5. Dissolver 10 g de anidrido maleico em 20 ml de ácido acrílico e adicionar hidroquinona. Após manter a temperatura a 60 °c, adicionar 20 ml de KPS.

Figura: 1.8

4.4 MECANISMO

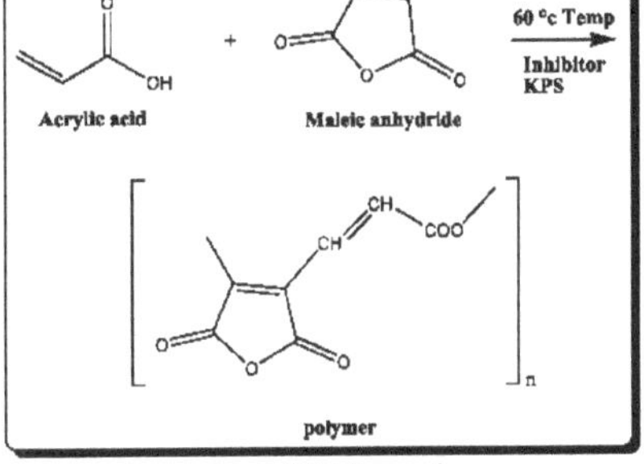

Esquema: 12 Mecanismos

4.5 Medição da viscosidade

Um viscosímetro (também chamado **viscosímetro**) é um instrumento utilizado para medir a viscosidade e os parâmetros de fluxo de um fluido.

Viscosímetros de vidro: O método clássico de medição devido a Stokes consistia em medir o tempo de escoamento de um fluido através de um tubo capilar. Aperfeiçoado por Cannon, Ubbelohde e outros, o viscosímetro de tubo de vidro continua a ser o método principal para a determinação padrão da viscosidade da água. A viscosidade da água é de 0,890 mPa^s a 25 graus Celsius e de 1,002 mPa^s a 20 graus Celsius.

CAPÍTULO 5

5. RESULTADOS E CONCLUSÕES

5.3 A tabela abaixo resume a receita para as diferentes experiências, juntamente com os inibidores utilizados.

Quadro 5.1

No.	AA (ml)	KPS (ml)	MA (gms)	Temp. ºc	Inhibitor (ml /mg)	Time (min)	Observation
1	30	20	-		-	45	Transparent gel
2	25	20	5	60	-	10	Transparent gel
3	20	20	10	60	-	10	Transparent gel
4	15	20	15	60	-	10	Transparent Gel
5	15	20	15	60	ET (ethylene thiol)0.5 ml	5	Transparent Gel
6	20	20	10	60	MEHQ (mono methyl ether hydroquinone)0.2 gm	210	Brown viscous gel
7	20	20	10	60	MEHQ (mono methyl ether hydroquinone)0.1 gm	50	Light Brown viscous gel
8	20	20	10	60	MEHQ (mono methyl ether hydroquinone) 0.05 gm	12	Yellowish viscous gel
9	20	20	10	60	HQ (hydroquinone) 0.5 gm	5	Brown viscous gel

ET: etileno tiol, MEHQ: mono metil éter hidroquinona, HQ: hidroquinona, AA: ácido acrílico, MA: Anidrido Maleico, KPS: Per Sulfato de Potássio.

5.4 . CONTEÚDO SÓLIDO:

A tabela seguinte resume o teor de sólidos dos vários polímeros obtidos Tabela 5.2 Percentagem de peso dos diferentes homopolímeros de ácido acrílico em soluções aquosas

Quadro 5.2

Sample No.	Weightof polymer solution(gm)	Solid content (gm)	Difference	Weight (%)
1	5	4.5	0.5	90
2	5	3.09	1.91	61.8
3	5	3.86	1.14	77.2
4	5	3.52	1.48	70.4
5	5	4.03	0.97	80.6
6	5	3.42	1.58	68.4
7	5	3.71	1.29	74.2
8	5	2.91	2.09	58.2
9	5	3.48	1.52	69.6

5.5 CONCLUSÕES

A síntese do homopolímero de ácido acrílico na presença de diferentes concentrações de inibidores mostrou que havia um bom grau de controlo sobre o tempo de reação e também sobre a natureza da reação exotérmica.

CAPÍTULO 6

6.REFERÊNCIAS

1. Atamanenko, I., Kryvoruchko, A., Yurlova, L., Tsapiuk, E., "Study of the CaSO4 deposits in the presence of scale inhibitors", *Desalination, 147, 257-262*(2002).

2. Bernd, N., "Environmental chemistry of phosphonates", *Water Res., 37, 2533- 2546*(2003).

3. Nguyen, K. T., Flaschel, E. e Renken, A., 1985. Polimerização a granel de estireno num misturador estático, Chem. Eng. Comm. 36, 251-267.

4. *Livro de Copolimerização Estatística.*

5. Drela, I., Falewicz, P., Kucakowska, S., "New rapid test for evaluation of scale inhibitors", *Water Res., 32, 3188-3191*(1998).

6. Dyer, S.J., Anderson, C.E., Graham, G.M., "Thermal tability of amine methyl phosphonate scale inhibitors", *J. Petrol. Sci. Eng.,* **43**, 259-270(2004).

7. Yang, Q.F., "Inhibition of CaCO3 scaling in reverse osmosis system by zinc ion", *Chin. J. Chem. Eng.,* **14**, 178-183(2006).

8. Pedenaud, P., Goulay, C., Pother, F., Gamier, O., Gauthier, B., "Silica-scale inhibition for steam generation in OTSG boilers", *Spec. Prod. Facil.,* 21, 26- 32(2006).

9. Li, H.Y., Ma, W., Wang, L., Liu, R., Wei, **L.S.,** Wang, Q., "Inhibition of calcium and magnesium-containing scale by a new antiscalant polymer in laboratory tests and a field trial", *Desalination,* **196**, 237-247(2006).

10. Tomson, M.B., Kan, A.T., Fu, G.M., "Inhibition of barite scale in the presence of hydrate inhibitors", *Society of Petroleum Engineers Journal,* **10**, 256-266(2005).

11. Bdel-Aal, N., Sawada, K., "Inhibition of adhesion and precipitation of CaCO3 by aminopoly phosphonate", J. *Cryst. Growth,* **256**, 88-200(2003).

12. Garcia, C., Courbin, G., Ropital, F., Fiaud, C., "Study of the scale inhibition by HEDP in a channel flow cell using a quartz crystal microbalance", *Electrochim. Ata,* **46**, 973-985(2001).

13. Yu, P., Zhang, X.N., Liu, X.L., "Experimental researches on the scale inhibition of ash-water closed circulation by using polyaspartic acid", *Industrial Water Treatment,* **24**,14-16(2004).

14. Xing, X.K., Ma, C.F., Chen, Y.C., "Mechanism of calcium carbonate scale deposition under subcooled flow boiling conditions", *Chin. J. Chem. Eng.,* **13**, 464-470(2005).

15. Xiong, R.C., Zhou, Q., Wei, G., "Corrosion inhibition of a green scale inhibitor polyepoxysuccinic acid", *Chin. Chem. Lett.,* **14**, 955-957(2003).

16. Anderson, N., Irvin, D.J., Webber, C., Stenger-Smith, J.D., Zarras, P., "Scale-up and corrosion inhibition of poly(bis-(diakylamino) phenylene vinylene)s", Abs. *Pap. Am. Chem. Soc.,* **223**, 57-62(2002).Liu, R.J., Chen, J.F., Guo, F., Shen, **Z.G.,** "Kinetics and mechanism of decomposition of nano-sized calcium carbonate under non-isothermal condition", *Chin. J. Chem. Eng.,* **11**, 302-306(2003).

17. Denney, D., "Static/dynamic evaluation or calcium carbonate scale formation and inhibition", J. *Petrol.*

Technol., **54**, 56-56(2002).

18. Ostu, T. e Kuriyama, A. (1988): *Polym. J.*, 17, 97.

19. Otsu, T., Yoshida, M. e Tazaki, T. (1982): *Macromol. Rapid Commun.*, 3, 133.

20. Allcock, H. R. e Lampe, F. W. (1990): Contemporary Polymer Chemistry, Prentice Hall: New Jersey, 2ª Ed., capítulo 3.

21. Wu, C., *et al.* (2001): *Chin. J. Polym. Sci.*, 19, 451.

22. Turner, S. R. e Blevins, R.W. (1990): *Macromolecules*, 23, 1856.

23. Nakagawa, Y., *et al.* (2000): In Jpn Kokai Tokkyo Koho 2000053723, Kanegafuchi Chemical Industry Co., Ltd., Japão, p. 27.

24. Nakagawa, Y., *et al.* (2000): In Jpn. Kokai Tokkyo Koho 2000038404, Kanegafuchi Chemical Industry Co., Ltd., Japão, p. 14.

25. Nakagawa, Y., *et al.* (2000): Em *PCT Int. Appl.* WO 0011056, Kaneka Corporation, Japão, p. 57.

26. Ranger, M., Jones, M. C., Yessine, M. A. e Leroux , J. C. (2001): *J. Polym Sci.,* Parte A: *Polym. Chem.*, 39, p. 3861.

27. Fujita, M., Hasegawa, N., e Nakagawa, Y. (2000): In Jpn Kokai Tokkyo Koho 2000154347, Kanegafuchi Chemical Industry Co., Ltd., Japão, p. 16.

28. Fujita, M., Kusakabe, M. e Kitano, K. (1999): Em *PCT Int. Appl.* WO 9905215, Kaneka Corporation, Japão, p. 61.

29. Fujita, T., Nakagawa, Y. e Hasegawa, N. (2001): In Jpn. Kokai Tokkyo Koho 2001329065, Kanegafuchi Chemical Industry Co., Ltd., Japão, p. 34.

30. Hasegawa, N. e Nakagawa, Y. (2001): In Jpn. Kokai Tokkyo Koho 2001354830, Kanegafuchi Chemical Industry Co., Ltd., Japão, p. 34.

31. Hasegawa, N. e Nakagawa, Y. (2001): In Jpn. Kokai Tokkyo Koho 2001271055,

32. Kanegafuchi Chemical Industry Co., Ltd., Japão, p. 34.

33. Hasegawa, N. (2000): In Jpn Kokai Tokkyo Koho 2000086999, Kanegafuchi Chemical Industry Co., Ltd., Japão, p. 12.

34. Hasegawa, N. (2001): In Jpn. Kokai Tokkyo Koho 2001011321, Kanegafuchi Chemical Industry Co., Ltd., Japão, p. 22.

35. Hasegawa, N., e Nakagawa, Y. (2000): In Jpn Kokai Tokkyo Koho 2000154347, Kanegafuchi Chemical Industry Co., Ltd., Japão, p. 16.

36. Yamamoto, M., et al., (2001): In Jpn. Kokai Tokkyo Koho 2001234146, Nitto Denko Corp.,Japão, p. 15.

37. Yamamoto, M., et al., (2001): In Jpn. Kokai Tokkyo Koho 2001234147, Nitto Denko Corp., Japão, p. 15.

38. Yamamoto, M., et al., (2001): In Jpn. Kokai Tokkyo Koho 2001288442, Nitto Denko Corp., Japão, p. 9.

39. Yamamoto, M., et al., (2000): In Eur. Pat. Appl. 1008640, Nitto Denko Corporation, Japão, p. 32.

40. Nakano, F., et al., (2001): In Jpn. Kokai Tokkyo Koho 2001303010, Nitto Denko Corp. Japão,

41. Doi, T., et al., (2001): In Eur. Pat. Appl.1127934, Nitto Denko Corporation, Japão, p. 19.

42. Lesko, P. M. e Blankenship, R. M. (2001): In Eur. Pat. Appl. 1078935, Rohm and Haas Company, EUA,

p. 8.

43. Kamifuji, F., et al., (2001): In Jpn. Kokai Tokkyo Koho 2001207148, Nitto Denko Corp., Japão, p. 12.

44. Burguiere, C., Pascual, S., Bui, C., Vairon, J. P., Charleux, B., Davis K. A., Matyjaszewski, K., Betremieux. I. (2001): *Macromolecules,* 34, p. 4439.

45. Bertin, D., Boutevin, B. e Robin, J. J. (1999): *In Eur. Pat. Appl.* 906937, Elf Atochem S. A., Fr., p. 17.

46. Cardi, N., *et al.*, (1999): In *Eur. Pat. Appl.* 906909, Enichem S.p.A., Itália, p. 5.

47. Anderson, L. G., *et al.*, (2000): Em *PCT Int. Appl.* WO 0012566, PPG Industries Ohio, Inc., EUA, p. 59.

48. Barkac, K. A., *et al.*, (2000): Em *PCT Int. Appl.* WO 0012583, PPG Industries Ohio, Inc., EUA, p. 72.

49. Barkac, K. A. (2000): Em *PCT Int. Appl.* WO 0012625, PPG Industries Ohio, Inc., EUA, p. 60.

50. Barkac, K. A. (2000): Em PCT Int. Appl. WO 0012581, PPG Industries Ohio, Inc., EUA, p. 63.

51. Barkac, K. A., et al., (2000): Em PCT Int. Appl. WO 0012579, PPG Industries Ohio, Inc., EUA, p. 62.

52. Coca, S. e O'Dwyer, J. B. (2002): In US 6336966, PPG Industries Ohio, Inc., EUA, p. 18.

53. Coca, S., et al., (2001): Em PCT Int. Appl. WO 0144388, PPG Industries Ohio, Inc., EUA, p. 46.

54. Coca, S., et al., (2000): Em PCT Int. Appl. WO 0012580, PPG Industries Ohio, Inc., EUA, p. 67.

55. McCollum, G. J., Anderson, L. K. e Coca, S. (2000):

56. Em PCT Int. Appl. WO 0012636, PPG Industries Ohio, Inc., EUA, p. 53.McCollum, G. J., Anderson, L. K. e Coca, S. (2000): Em PCT Int. Appl. 0012637, PPG Industries Ohio, Inc., EUA, p. 52.

57. Fujii, T., Ogawa, T. e Yoshihara, I. (2001): Em Jpn. Kokai Tokkyo Koho 2001064573, Kansai Paint Co., Ltd., Japão, p. 13.

58. Andruzzi, L. (2000): Em PCT Int. Appl. WO 0042084, Jotun A/S, Noruega, p, 35.

59. Masuda, T. (2000): In Jpn. Kokai Tokkyo Koho 20000144017, Kanegafuchi Chemical Industry Co., Ltd., Japão, p. 11.

60. Kazmaier, P. M., et al. (1996): In Eur. Pat. Appl. 735064, Xerox Corp., USA, p. 31.

61. Kazmaier, P. M., et al. (1997): In Eur. Pat. Appl. 814097, Xerox Corporation, USA,\ p. 17.

62. Keoshkerian, B., Drappel, S. e Georges, M. K. (1996): In Eur. Pat. Appl. 707018, Xerox Corp., USA, p. 19.

63. Keoshkerian, B., et al. (1997): In Eur. Pat. Appl. 773232, Xerox Corp., EUA, p. 22.

64. Keoshkerian, B., et al. (1999): In Eur. Pat. Appl. 897930, Xerox Corporation, EUA, p. 16.

65. Keoshkerian, B., et al. (1998): In Eur. Pat. Appl. 826697, Xerox Corp., EUA, p. 10.

66. Auschra, C., Muhlebach, A. e Eckstein, E. (2000): Em PCT Int. Appl. WO 0040630, Ciba Specialty Chemicals Holding Inc., Suíça, p. 43.

67. White, D., Coca, S. e O'Dwyer, J. B. (2001): Em PCT Int. *Appl. WO* 0144389, PPG Industries Ohio, Inc., EUA, p. 40.

68. Olson, K. C., et al. (2001): In US 6326420, PPG Industries Ohio, Inc., EUA, p. 11.

69. Fischer, H. (1999): J. Polym. Sci., Part A: Polym. Chem., 37, 1885.

70. Fischer, H. (1997): Macromolecules, 30, 5666.

71. Fischer, M., et al. (1998): In PCT Int. Appl. WO 9811143, BASF A.-G., Alemanha; Max- Planck-

Gesellschaft zur Forderung der Wissenschaften E. V., Berlim; Fischer, Michael, Koch, Jurgen, Paulus, Wolfgang, Mullen, Klaus, Klapper, Markus, Steenbock, Marco, Colombani, Daniel, M., p. 44.

72. Klier, J., Tucker, C. J. e Ladika, M. (2000): Em PCT Int. Appl. WO 0017242, The Dow Chemical Company, EUA, p. 17.

73. Roos, S. G., Muller, A. H. E. e Matyjaszewski, K. (2000): ACS Symp. Ser., 768(Controlled/Living Radical Polymerization), p. 361.

74. Roos, S., et al. (2001): Em PCT Int. Appl., Rohmax Additives GmbH, Alemanha, WO. p. 54.

75. Visger, D. C. e Lange, R. M. (2000): Em PCT Int. Appl. WO 0024795, The Lubrizol Corporation, USA, p. 43.

76. Visger, D. C. e Lange, R. M. (1999): In Eur. Pat. Appl. 945474, The Lubrizol Corporation, USA, p. 22.

77. Scherer, M. e Souchik, J. (2001): Em PCT Int. Appl. WO 0140334, Rohmax Additives G.m.b.H., Alemanha, p. 48.

78. Scherer, M., Souchik, J. e Bollinger, J. M. (2001): Em PCT Int. Appl. WO 0140333, Rohmax Additives G.m.b.H., Alemanha, p. 48.

79. Brinkmann-rengel, S. et al. (2000) In PCT Int. Appl. WO 0063267, Basf A.-G., Alemanha, p. 52.

80. Mulhaupt, R., et al. (2000): Em PCT Int. Appl. WO 0077060, BASF A.-G., Alemanha, p. 43.

81. Brocchini, S. J. e Godwin, A. (2001): Em PCT Int. Appl. WO 0118080, School of Pharmacy, University of London, UK, p. 65.

82. Won, C. Y., Zhang, Y. e Chu, C. C. (2000): Em PCT Int. Appl. WO 0060956, Cornell Research Foundation, Inc., USA, p. 38.

83. Adams, G. (2000): Em PCT Int. Appl. WO 0071607, Unilever PLC, UK; Unilever NV; Hindustan Lever Limited, p. 31.

84. Adams, G. (2000): Em PCT Int. Appl. WO 0071606, Unilever PLC, UK; Unilever NV; Hindustan Lever Limited, p. 40.

85. Midha, S. e Nijakowski, T. R. (1998): Em PCT Int. Appl. WO 9851261, The Procter & Gamble Company, EUA, p. 43.

86. Kitano, K. e Nakagawa, Y. (2000): Em PCT Int. Appl. WO 0011082, Kaneka Corporation, Japão, p. 59.

87. Schimmel, K. F., et al. (2001): In US 6288173, PPG Industries Ohio, Inc., EUA, p. 13.

88. Schimmel, K. F., et al. (2001): In US 6197883, PPG Industries Ohio, Inc., EUA, p. 18

89. Wu, C., et al. (2001): Chin. J. Polym. Sci., 19, 451.

Printed by Books on Demand GmbH, Norderstedt / Germany